Introdução à Química como Ciência

Conceitos e abordagens iniciais para o Ensino Médio

1ª edição

Douglas Vanzin

Introdução à Química como Ciência: conceitos e abordagens iniciais para o Ensino Médio

2024 Douglas Vanzin

1ª edição – 2024
ISBN nº **978-65-01-02096-9**

Pitanga, PR
Clube de Autores Publicações

Dados Internacionais de Catalogação na Publicação (CIP)
(Câmara Brasileira do Livro, SP, Brasil)

Vanzin, Douglas
Introdução à química como ciência : conceitos e abordagens iniciais para o ensino médio / Douglas Vanzin. -- 1. ed. -- Pitanga, PR : Ed. do Autor, 2024.

ISBN 978-65-01-02096-9

1. Ciências (Ensino médio) 2. Química (Ensino médio) I. Título.

24-206408 CDD-540.7

Índices para catálogo sistemático:

1. Química : Ensino médio 540.7

Aline Graziele Benitez - Bibliotecária - CRB-1/3129

Clube de Autores Publicações

PREFÁCIO

Ensinar Química costuma ser uma tarefa desafiadora para professores iniciantes e experientes. Para os alunos, aprender a linguagem química costuma ser uma tarefa complexa devido à grande quantidade de símbolos, nomes e significados pouco usuais. Da mesma forma, para o professor aprender formas eficazes de comunicar e ensinar fenômenos da natureza com essa linguagem, além de inserir conceitos complexos em um contexto que os alunos se identifiquem, são desafios que precisamos vencer e aprimorar continuamente em nossa carreira docente, aprofundando nossos conhecimentos, nossas formas de encarar o mundo e de interagir com os estudantes.

Neste livro, busco apresentar uma abordagem inicial da Química que costumo utilizar em minhas aulas, discutindo a importância do seu estudo para a compreensão da matéria e de que forma isso é feito nessa ciência. Tento sempre desmistificar e desconstruir conceitos prévios de senso comum que muita gente costuma ter sobre a Química, discutindo como ela permite a inovação e o desenvolvimento de inúmeros materiais úteis para as pessoas.

Além disso, o método científico também é amplamente discutido, sendo um instrumento importante para os estudantes tomarem familiaridade por ser capaz de influenciar em suas concepções de ciência. Isso é de grande importância, principalmente nos últimos anos em que ela tem sido tão distorcida e posta à prova pela sociedade.

Apresento também um capítulo com conceitos importantes e formas de abordagens didáticas sobre as propriedades da matéria, tão importante para o estudo, caracterização e determinação da utilidade dos materiais. Outros conteúdos que, dentre tantos, julgo terem grande relevância para uma boa compreensão da matéria, são os de geometria e polaridade molecular, para compreender as interações intermoleculares. Eles foram abordados na tentativa de organizar boas práticas de ensino, em uma sequência lótica para os estudantes. São conteúdos que fundamentam uma infinidade de outros assuntos relacionados à Química, à compreensão do comportamento e transformações que a matéria pode sofrer.

Ao final de cada capítulo, uma proposta de atividade foi apresentada, contendo análises textuais, utilização de plataforma de geometria molecular e investigações experimentais.

Ademais, almejo com esta obra, facilitar a compreensão do que essa ciência tão importante representa para a compreensão da natureza e para os avanços tecnológicos nas mais diversas áreas. Também é um material que tem o potencial de colaborar com professores de Química e de outras ciências da natureza, aquilatando as abordagens dos conteúdos aqui apresentados, bem como utilizar as propostas de atividades apresentadas, de maneira a complementar suas aulas e facilitar a aprendizagem dos estudantes.

Desejo a todos, boa leitura e bom proveito do conhecimento e propostas apresentadas!

Douglas Vanzin

SOBRE O AUTOR

Douglas Vanzin é Licenciado e Mestre em Química pela Universidade Estadual de Maringá (UEM), na área de Físico-Química e Química Computacional. Tem mais 10 anos de experiência educacional como professor de Química, Física, Robótica e Pensamento Computacional nas escolas públicas do Estado do Paraná e como professor assistente nos Departamentos de Química e de Tecnologia da Universidade Estadual de Maringá. Atualmente é docente de Química do Ensino Básico, Técnico e Tecnológico no Instituto Federal do Paraná (IFPR) em cursos técnicos e superiores.

SUMÁRIO

Capítulo 1

Introdução à Química

Diz o ditado popular que "a primeira impressão é a que fica". Pois bem, se assim for, é preciso causar uma impressão muito boa nas primeiras aulas de Química para a 1ª série do Ensino Médio. Apesar de já terem estudado muitos conceitos químicos no Ensino Fundamental, principalmente no último ano, a chegada neste novo nível de ensino formaliza e reforça alguns saberes que antes eram mais introdutórios e generalistas.

Desta forma, as primeiras aulas desta disciplina muitas vezes tão injustiçada, não deve causar espanto aos alunos. Ao contrário, é preciso deixar claro que aqui, o foco será o estudo da matéria, sua constituição, propriedades e transformações.

Assim, vamos caprichar nos questionamentos e contextualizações iniciais, trazendo os alunos do senso comum para o pensamento científico sobre o que a Química estuda.

O que é a Química?

Alguns questionamentos iniciais para começar a conversar sobre o assunto com os alunos:

1) Quais produtos você conhece que *têm* química?
2) Quais produtos você conhece que *não têm* química?
3) A química é boa ou ruim?
4) Você prefere produtos naturais ou artificiais?

Escreva estas perguntas na lousa ou projete para a turma e ouça as respostas dos alunos, sem inicialmente manifestar seus conhecimentos sobre o conteúdo. Apenas conduza e reforce as respostas estigmatizadas que provavelmente aparecerão. Após a questão 2, procure na internet e mostre imagens encontradas numa busca por "produtos sem química". É muito provável que você encontre vários anúncios de cosméticos, xampus, suplementos etc. com esses dizeres. Questione aos alunos o porquê daquilo. Os rótulos destes produtos querem informar que são produtos melhores ou piores do que os que possivelmente "tenham química"? Dessa forma, siga para as perguntas 3 e 4.

Na questão 4, utilize também imagens de uma busca na internet que, inclusive, pode ser feita no momento da aula, junto com a turma, se houver recurso digital disponível. Procure sobre produtos naturais e artificiais. Veja nas imagens e nas buscas em plataformas de compras os resultados por "produto natural". O que a turma entende por natural e artificial? Questione se consideram que tudo o que é natural é benéfico às pessoas enquanto os artificiais são ruins. Você pode abranger a discussão para muitas direções. Um exemplo: se tudo o que é natural faz bem, você já sentou em uma ortigueira, que é uma planta natural? Podemos dizer que a picada de um animal peçonhento é boa para o ser humano, já que são animais da natureza e, portanto, naturais? Em se tratando dos artificiais, podemos dizer que não temos necessidade de medicamentos para tratar diversas doenças, já que costumam ser artificiais? Ou que, nessa perspectiva, todos os produtos tecnológicos que usamos no nosso dia a dia não deveriam existir?

É claro que as ponderações devem ser feitas, pois se entende que certas coisas naturais são realmente mais saudáveis que as artificiais, mas este estigma deve ser desfeito.

Mas então, afinal, o que é Química? Para essa discussão com os alunos, é possível utilizar um texto projetado ou lido ou apenas comentado/discutido pelo professor. Apresento aqui uma adaptação do texto na página da Associação Brasileira da Indústria Química (ABIQUIM, 2012):

> "Quando uma folha de árvore é exposta à luz do Sol e é iniciado o processo da fotossíntese, o que está ocorrendo é Química. Quando o nosso cérebro processa milhões de informações para comandar nossos movimentos, nossas emoções ou nossas ações, o que está ocorrendo é Química.
>
> A Química está presente em todos os seres vivos. No corpo humano, por exemplo, ocorre uma série de reações químicas essenciais para a manutenção da vida.
>
> Há muitos séculos, o ser humano começou a estudar os fenômenos químicos. Alguns alquimistas buscavam a transmutação de metais. Outros buscavam o elixir da longa vida. Mas o fato é que, ao misturarem extratos de plantas e substâncias retiradas de animais, nossos primeiros químicos também já estavam procurando encontrar poções que pudessem curar doenças ou, pelo menos, que aliviassem suas dores.
>
> Com seus experimentos, eles davam início a uma ciência que amplia constantemente os horizontes do ser humano. Com o tempo, foram sendo descobertos novos produtos, novas aplicações, novas substâncias. O ser humano foi aprendendo a sintetizar em laboratório elementos presentes na natureza, a desenvolver novas

moléculas, a modificar a composição de materiais. A Química foi se tornando cada vez mais importante até estar tão marcante em nosso dia a dia que não nos damos mais conta do que é ou não é fruto dessa ciência.

No entanto, sabemos que, sem a Química, a civilização não teria atingido o atual estágio de desenvolvimento científico e tecnológico que permite ao ser humano sondar as fronteiras do Universo, deslocar-se à velocidade do som, produzir alimentos em pleno deserto, tornar potável a água do mar, desenvolver medicamentos para doenças antes consideradas incuráveis e multiplicar bens e produtos cujo acesso era restrito a poucos privilegiados. Tudo isso porque Química É VIDA." (ABIQUIM, 2012, com adaptações)

Durante a leitura do texto, alguns conceitos podem ser ponderados e discutidos com a turma. Na sequência, alguns conceitos devem ser formalizados e registrados, como o que segue:

A Química estuda as transformações que envolvem matéria e energia.

O que é matéria? O que é energia?

Mas você sabe o que é matéria? E o que é energia? Mostre vários objetos da sala de aula, carteiras, porta, cortinas, giz, caderno, garrafa de água, ar, luz, tomada de energia elétrica etc. Questione o que eles pensam que é matéria e energia. Retome também o conceito de Química. Esses objetos mostrados e questionados, tem ou não tem química?

Vamos registrar:

Qualquer produto (mesmo os ditos "sem química") é formado por MATÉRIA e pode ser transformado com ENERGIA.

MATÉRIA: é tudo o que tem massa e ocupa lugar no espaço (tem volume).

Ela é objeto de estudo da química:

- É constituída por átomos, moléculas, íons;
- Tem propriedades químicas específicas;
- Sofre transformações físicas e químicas.

ENERGIA: é a capacidade de realizar *trabalho* (força x deslocamento). Formas de trabalho: mecânico, elétrico, químico etc.

Portanto, é errado conceituar negativamente alguma coisa que "tem química", pois tudo na natureza é feito de química.

De que forma a Química estuda a matéria? Há três grandes formas de fazer isso que os estudantes devem compreender. A Química estuda a matéria e as substâncias das quais é formada através da: constituição (átomos, moléculas, íons, proteínas etc.), propriedades (como ela se comporta, para que pode ser usada) e transformações (físicas e químicas que alteram suas características ou constituição). Estes aspectos são resumidos na imagem a seguir:

Figura 1. Focos de interesse da Química para a compreensão da matéria.

Portanto, é errado conceituar negativamente alguma coisa como “tendo química”, pois tudo na natureza é feito ou estudado pela química.

Além disso, também vale a pena conceituar os tipos de sustâncias e registrar:

Tipos de substâncias:

- **Natural**: foi feita pela natureza ou o material usado na sua produção foi extraído da natureza.
- **Artificial ou sintética**: sua produção ocorreu através de síntese em laboratório ou indústria.

Ressalta-se que na natureza existem diversas plantas ou animais (naturais) que são tóxicas, que contém substâncias venenosas. Portanto, cuidado! Uma substância 100% natural não significa ser inofensiva, assim como uma substância sintetizada em laboratório não significa fazer mal à saúde.

Há diversos vídeos na internet que podem ser exibidos com toda essa temática. Explore esses materiais!

No livro de Martha Reis, volume 1 (FONSECA, 2016), a autora traz textos ótimos para serem destacados à turma, que aqui trago como excertos:

> **A Química polui?**
>
> Em geral, há vários caminhos possíveis para obter determinada transformação química. Historicamente, em razão da necessidade básica (e sempre urgente) de suprir o mercado com produtos essenciais para o progresso social e tecnológico, foram escolhidos alguns caminhos errados. Por exemplo, desprezou-se durante muito tempo a questão ambiental. Produtos altamente tóxicos, de alto consumo energético, de pequena durabilidade ou não biodegradáveis foram, e continuam sendo amplamente introduzidos no mercado (como os plásticos, os combustíveis fósseis, os pesticidas). Além disso, continuam as atitudes imediatistas e condenáveis, como o despejo de esgoto sem tratamento em rios e oceanos, o despejo de lixo diretamente sobre o solo, sem nenhum manejo de proteção ambiental (os lixões), a fabricação de minas terrestres e armas químicas, etc. (FONSECA, 2016, p. 12)
>
> **A Química pode proporcionar qualidade de vida?**
>
> Atualmente as pessoas já questionam as opções que podem trazer danos ao meio ambiente e muitas indústrias já estão implantando o conceito de Química verde – praticada com processos químicos que eliminam ou minimizam a produção de rejeitos. Além disso, vários centros de pesquisas estão propondo alternativas

viáveis para a substituição de combustíveis fósseis, e a reciclagem é uma realidade em muitas escolas, residências e estabelecimentos comerciais, além de significar um meio de vida para uma parcela significativa da população.

No futuro, a Química poderá suprir o mercado com os bens materiais de que a sociedade necessita para uma vida mais confortável e saudável, com a diminuição das desigualdades socioeconômicas e a minimização das agressões ao meio ambiente. Mas para isso é preciso que as pessoas tenham acesso à informação, que haja conscientização por meio da educação e que os caminhos que escolhermos para atingir esses objetivos sejam mais conscientes e menos imediatistas. (FONSECA, 2016, p. 12)

A química e o meio ambiente

Se, de um lado, o desenvolvimento e utilização produtos químicos proporcionou o aumento na produção de alimentos, por outro lado, o uso indevido de tais produtos tem causado alterações muito perigosas ao meio ambiente, colocando em risco até mesmo a manutenção da vida na Terra.

Em 2021, o Brasil atingiu a quarta posição no ranking mundial de produção de lixo plástico. Segundo estudo conduzido pelo Fundo Mundial para a Natureza (WWF), nosso país fica atrás apenas dos Estados Unidos, China e Índia. Além disso, somos o que menos recicla o lixo plástico, apenas 145.043 toneladas, que representa somente 1,2% do montante de 11.355.220 toneladas de lixo plástico que produzimos por ano (BRASIL, 2021).

Para contribuir na melhoria deste cenário, além de nos conscientizar, podemos tomar algumas atitudes que contribuem para reduzir a quantidade de lixo que geramos. Entre elas, adotar o que ficou conhecido como os "*5 R's da sustentabilidade*": *repensar* a necessidade do uso e consumo de produtos muitas vezes desnecessários e refletir sobre nossas ações; *recusar* produtos que agridam o meio ambiente e que sejam poluentes difíceis de dar um destino correto; *reutilizar* certo produto reaproveitando para novas utilidades; *reduzir* a produção de lixo; *reciclar* os materiais que possam ser processados para evitar a necessidade de novas matérias primas para produção, o que demanda nossa atitude de separar o lixo reciclável.

Por isso, é importante conhecermos a Química para utilizar os avanços tecnológicos de maneira racional, definir critérios para o aproveitamento dos recursos naturais e estudar formas de reaproveitar e diminuir a quantidade dos dejetos produzidos pela nossa sociedade.

Referências

ABIQUIM. Disponível em www.abiquim.org.br/vceaquim/vida.html, acesso em 09/05/2012.

BRASIL. Fundação Joaquim Nabuco – FUNDAJ, Brasil é o 4º maior produtor de lixo plástico do mundo e recicla apenas 1%, 2021. Disponível em: https://www.gov.br/fundaj/pt-br/destaques/observa-fundaj-itens/observa-fundaj/revitalizacao-de-bacias/brasil-e-o-4o-maior-produtor-de-lixo-plastico-do-mundo-e-recicla-apenas-1#:~:text=O%20Brasil%20%C3%A9%20o%204%C2%BA,WWF%2C%20sigla%20em%20ingl%C3%AAs), acesso em 05/05/2024.

CANTO, E. L. Química na Abordagem do Cotidiano, v. 1: ensino médio, 1. ed., São Paulo: Saraiva, 2016.

FONSECA, M. R. M. da. Química – Martha Reis, v.1: ensino médio, 1.ed., São Paulo: Ática, 2016.

USBERCO, J.; SALVADOR, E. Química. Vol. un. 5. ed. São Paulo: Saraiva, 2002.

Capítulo 2

A Concepção Científica da Matéria

Introdução

A compreensão da matéria ocorre de forma sistemática. É importante que o estudante compreenda as bases da construção do conhecimento químico. Para isso, a discussão do método científico deve ser enormemente incentivada, tendo em vista que atravessamos tempos de discussões e conceitos muito distorcidos.

Alguns questionamentos iniciais podem ser feitos para a problematização e contextualização sobre o método científico:

- Quais são os tipos de conhecimentos existentes?
- Cite algum conhecimento que você considera importante em sua vida.
- O conhecimento científico tem alguma importância para você? Por quê?

Estas questões podem guiar o início das discussões sobre ciência. Mas é preciso considerar também muitas outras formas de conhecimento importantes na sociedade.

As formas de conhecimento humano

Com base nos autores Cervo e Bervian (2002, p. 8-12), algumas generalizações sobre as formas de conhecimento podem ser feitas:

Empírico: é o conhecimento popular ou vulgar, adquirido através das experiências cotidianas experimentadas por todos através de processos de interações humanas e sociais. No entanto, não é sistematizado e está relacionado com as crenças e valores pessoais, populares e tradições transmitidas ao longo do tempo.

Filosófico: pode ser resumido como a reflexão e interpretação sobre as mais diversas questões, buscando conhecer a realidade num sentido amplo, a compreensão do homem e o sentido de existir. Busca-se a compreensão da realidade num contexto universal sem, no entanto, pretender encontrar soluções definitivas para as questões da humanidade.

Teológico: é o estudo das questões divinas, fora do alcance humano, que dependem de fé e um sistema de crenças, sem a necessidade de comprovações materiais. Relaciona-se a alguma(s) entidade(s) entendida(s) como ser(es) supremo(s), dependendo da cultura de cada povo, com quem o ser humano se relaciona através da fé e de rituais.

Científico: é o conhecimento sistemático que mais se aproxima da explicação real e exata das questões humanas. Procura conhecer, além do fenômeno em si, também as suas causas e leis que regem seu funcionamento. A ciência é um processo de construção do conhecimento, por meio da qual o cientista obtém através de questionamentos, observações, hipóteses, experimentação, análise e interpretação os princípios e as leis que regem o Universo, que explicam o comportamento da matéria e da natureza. O conhecimento obtido é verificável e comprovado, embora, em geral, não seja considerado algo acabado e pronto, estando sempre suscetível a revisões e aprimoramentos na medida que o conhecimento científico humano evolui.

É possível também diferenciar o conhecimento científico do senso comum. O **senso comum** se aproxima do já mencionado conhecimento empírico. Ele vem do dia a dia, dos conhecimentos que se desenvolvem a partir das necessidades do cotidiano. Porém, ele se baseia nas crenças vividas e interpretadas segundo conhecimentos populares, subjetivos, sem embasamento de funcionamento concreto ou o rigor científico.

Por sua vez, o conhecimento científico é capaz de nos fornecer respostas dignas de confiança. Ciência, etimologicamente, é sinônimo de conhecimento. Como já mencionado, apesar der ser sujeita a críticas, ela é construída de modo sistemático, através de observação, estudo, experimentação e análise, por isso, é de maior confiança.

O processo de construção do conhecimento sobre a natureza

O conhecimento humano vem sendo construído desde que se reconhece a sua existência. Diversas culturas antigas tentaram estabelecer relações existentes entre o ser humano e a natureza. Isso passou pela criação de lendas e mitos, pela criação de figuras míticas, dotadas de poderes sobrenaturais. Tentavam, com isso, explicar o surgimento do mundo, a origem das ferramentas, os métodos de cultivo de alimentos entre outros. A criação das religiões baseadas em divindades, sempre buscou essas explicações, além de também influenciar no funcionamento da sociedade, no comportamento das pessoas, entre outras coisas.

Foi na Grécia antiga, em aproximadamente cinco séculos antes de Cristo, que as primeiras explicações dos fenômenos naturais começaram a surgir desvinculadas da religião e de fenômenos sobrenaturais. Para tentar explicar a constituição da matéria, o filósofo Empédocles lançou mão de quatro elementos básicos: terra, ar, água e fogo. Depois, o famoso filósofo Aristóteles sugeriu que estes quatro elementos poderiam ser diferenciados por suas propriedades: quente e seco (fogo), quente e úmido (ar), fria e úmida (água) e fria e seca (terra). Assim, alterando as propriedades, poderia ser possível transformar uma substância em outra, transformando a matéria. Por exemplo: o ar poderia virar chuva se fosse resfriado (USBERCO e SALVADOR, 2002).

No entanto, nesta mesma época, por volta do séc. V a.C., surgiu também o pensamento filosófico defendido por Demócrito e Leucipo de que a matéria poderia ser constituída de pequenas partículas fundamentais indivisíveis e indestrutíveis, cujo termo em grego clássico (ἄτομον) resultou na palavra átomo, tão conhecida em nossos tempos.

Porém, esta filosofia atomística não foi a preponderante, e o conceito de Empédocles e Aristóteles foi o mais aceito por mais de 2 mil anos. Ele foi a mola propulsora de todo o conhecimento construído através da alquimia, até aproximadamente o séc. XV (d.C.). Os alquimistas foram muito importantes na construção do conhecimento químico durante sua busca pela pedra filosofal (transformar metal em ouro) e o elixir da longa vida (alcançar a imortalidade humana). Através de seus experimentos aquecendo, desenvolvendo poções e misturas com uma pitada de misticismo, criaram técnicas utilizadas ainda hoje na química, como a destilação e a calcinação, por exemplo.

O Método Científico

Foi em meados do século XIII (d.C.) onde a construção do conhecimento teve as primeiras fagulhas de ceticismo, com Roger Bacon (1214-1292). Ele buscava o fim da aceitação cega de ideias tidas como fatos, mesmo sem provas, como as de Aristóteles. Foi o primeiro a defender a experimentação como fonte de conhecimento. Mas foi somente em 1691 que Francis Bacon (1561-1626) publicou o livro "Novum Organum Scientiarum", com uma nova abordagem na investigação científica que pregava o raciocínio indutivo. É a ele que se atribui as bases do método científico e a fundação da ciência moderna, por buscar através da experimentação, juntamente com a filosofia, dar ao homem o domínio da realidade.

Logo em seguida, René Descartes (1596-1650), em sua obra "Discurso do Método" lançou os fundamentos do método científico moderno, argumentando que: os sentidos devem ser sempre questionados; a única coisa que não se pode duvidar é o pensamento, pois é o fruto da razão, que gera a certeza, conhecido por sua frase famosa "Penso, logo, existo"; para compreender um todo, basta compreender as suas partes. Para Descartes, o método é necessário para a busca da verdade (RHODEN e CUNHA, 2020).

Em 1661, Robert Boyle em seu livro "The sceptical chemist" (O químico cético), mostrou que não se pode extrair quatro elementos a partir de uma substância, o que o levou a abandonar a concepção aristotélica dos quatro elementos da natureza. Boyle propôs uma nova definição de elemento químico, como sendo toda substância que não podia ser decomposta em substâncias mais simples. Toda sua teoria foi fundamentada na interpretação dos resultados obtidos a partir de experimentos que seguiam o rigor do método científico (USBERCO e SALVADOR, 2002).

Foi com Auguste Comte (1798-1857) que o conhecimento evoluiu para o estado positivo, movimento conhecido como positivismo. Com ele, não se busca mais as causas das coisas, mas as leis efetivas da natureza. Desta forma, o conhecimento foi organizado em diferentes ciências: astronomia, física, química, filosofia e física social, além da matemática (ciência zero).

A sistematização do método científico moderno é pautada em alguns princípios. Tudo se inicia com *observações* feitas para a compreensão de um problema que não tenha explicação imediata. A seguir, busca-se informações a ele relacionadas, *pesquisando*, colhendo dados, lendo, discutindo, analisando. Com isso, *hipóteses* podem ser formuladas com possíveis explicações provisórias que guiarão o pesquisador na busca de comprová-las ou refutá-las. Para avaliar as hipóteses, parte-se para a fase de *experimentação ou investigações sistematizadas*, dependendo de qual área o método esteja sendo aplicado. A experimentação é feita e refeita muitas vezes para ter reprodutibilidade e validade estatística. Depois, os resultados obtidos serão cuidadosamente analisados e interpretados para concluir se cada hipótese levantada estava correta ou não.

Se isso explicar o problema, os resultados devem ser publicados em revistas científicas, livros e apresentados em congressos para auxiliar outros pesquisadores e permitir o progresso da ciência. Se os resultados não forem conclusivos, outras hipóteses devem ser levantadas e testadas. Com frequência, novos problemas surgem no meio de investigações científicas, o que, apesar de laborioso, enriquece ainda mais o trabalho do pesquisador.

Após a execução das investigações científicas, muitas vezes é possível observar regularidades e padrões de resultados. Assim, podemos enunciar princípios ou leis através de equações matemáticas ou frases que expressem a regularidade observada. Um *princípio* é a generalização de regularidades, semelhanças ou coincidências verificadas nos experimentos. Já as *leis* são relações matemáticas entre as grandezas experimentais testadas (USBERCO e SALVADOR, 2002).

Com tudo isso, podem ser formuladas *teorias*. Elas são propostas que pretendem explicar fatos experimentais e suas previsões em diferentes situações. Uma boa teoria é aquela que consegue prever os fatos em diferentes situações e explicá-los satisfatoriamente quando aplicada em diferentes experimentos. Se ela não for capaz de fazer isso, pode ser modificada ou mesmo abandonada para dar lugar uma nova e melhor teoria. Ou seja, a ciência é dinâmica, ela não para de acontecer. Ela busca sempre as explicações que se aproximem ao máximo da realidade, fazendo isso de modo demonstrável e reprodutível.

Proposta de atividade

Uma proposta de atividade sobre o método científico é utilizar matérias de jornais, revistas ou portais da internet que alertam sobre os riscos de práticas não científicas. A seguir, apresento uma proposta baseada na íntegra da reportagem do portal G1, escrita por Luis Fernando Veríssimo, na definição de "ciência" do dicionário Michaelis e algumas questões para refletir sobre o assunto.

Cientistas alertam para os perigos do charlatanismo na medicina

Medicações alternativas costumam não passar de engodos, afirmam médicos.
Em geral, elas exploram a dificuldade de comunicação médico-paciente.

Luis Fernando Correia Especial para o G1

Na Grécia, berço da civilização como conhecemos, dois irmãos entram em discussão sobre o tratamento de um outro irmão com câncer através da utilização de um suco verde "miraculoso".

A discussão terminou em briga e morte de um deles.

Tudo começou com a divulgação, em um programa de televisão, das propriedades curativas de uma bebida verde preparada na ilha de Creta. A bebida, que nada mais é do que folhas de oliveiras e água, está sendo apregoada como uma maravilha curativa.

A iniciativa comercial de alguns espertalhões já está tendo consequências sobre a ecologia da ilha, com destruição das árvores pela população em busca do tal remédio.

A isso só podemos chamar de charlatanismo. Além de má-fé, o que pode estar por trás da prosperidade dos chamados métodos alternativos?

Vários estudos científicos apontam para a relação entre a dificuldade no entendimento dos problemas de saúde e das instruções dos médicos como fator de interferência na eficiência dos tratamentos.

O charlatanismo prospera na medida em que a população não consegue entender as mensagens dos médicos e profissionais de saúde, e busca saídas mais simples. Por outro lado, a linguagem utilizada pelos técnicos muito frequentemente é rebuscada e não facilita o entendimento.

Ambas as partes devem usar uma comunicação clara e baseada em evidências científicas para permitir decisões esclarecidas e conscientes, com relação às questões de saúde.

Cada um de nós tem o dever de se informar e conhecer seus problemas e saber qual sua parcela de responsabilidade no tratamento. Afinal, cuidar da nossa saúde depende primeiramente de nossas atitudes.

FONTE: https://g1.globo.com/Noticias/Ciencia/0,,MUL269245-5603,00-CIENTISTAS+ALERTAM+PARA+OS+PERIGOS+DO+CHARLATANISMO+NA+MEDICINA.html, acesso em 02/05/24.

Definição de "CIÊNCIA" no dicionário Michaelis

1. Conhecimento sistematizado como campo de estudo (...)
2. Observação e classificação dos fatos inerentes a um determinado grupo de fenômenos e formulação das leis gerais que o regem.
3. O saber adquirido pela leitura e meditação.
4. Soma dos conhecimentos práticos que servem a determinado fim.
5. Conjunto de conhecimentos humanos considerados no seu todo, segundo sua natureza.
6. Sistema racional usado pelo ser humano para se relacionar com a natureza a fim de obter resultados favoráveis.
7. Estudo focado em qualquer área do conhecimento.
8. Conjunto de conhecimentos teóricos e práticos canalizados para um determinado ramo de atividade (...)
9. FILOS Ramo específico do conhecimento, caracterizado por seu princípio empírico e lógico, com base em provas concretas, que legitima sua validade.

ciências *sf pl*

1. Disciplinas que mantêm conexões sistemáticas, levando em consideração o estudo de certo tema.
2. Conhecimentos que abrangem o estudo sistemático da natureza ou o cálculo matemático.

FONTE: https://michaelis.uol.com.br/moderno-portugues/busca/portugues-brasileiro/Ci%C3%AAncia/, acesso em 12/02/19.

Método científico
É o modo sistemático usado para explicar um grande número de ocorrências semelhantes.

Questões para reflexão

1. No texto, quais foram as consequências do uso do *suco verde miraculoso*?
2. O que fez as pessoas acreditarem que o suco verde é milagroso?
3. O que a ciência faz para tentar proteger as pessoas da ação de charlatanistas?
4. Qual deve ser o papel do governo e das agências reguladoras para assegurar a comercialização de medicamentos?
5. Como funciona o método científico?
6. Cite exemplos de tecnologias importantes para sua vida que foram desenvolvidas através do conhecimento científico.

Referências

CANTO, E. L. Química na Abordagem do Cotidiano, v. 1: ensino médio, 1. ed., São Paulo: Saraiva, 2016.

CERVO, A.; BERVIAN, P. A. Metodologia científica. 5. ed. São Paulo: Prentice Hall, 2002.

FONSECA, M. R. M. da. Química – Martha Reis, v.1: ensino médio, 1.ed., São Paulo: Ática, 2016.

PILATI, R. Ciência e Pseudociência: por que acreditamos naquilo em que queremos acreditar. São Paulo: Contexto, 2018.

RHODEN, C.; CUNHA, J. Francis Bacon e René Descartes: a fundamentação da ciência moderna. Diaphonía, v. 6, n. 1, 2020.

SAGAN, C. O mundo assombrado pelos demônios: a ciência vista como uma vela no escuro. Rosaura Eichemberg (trad.), 1. ed., São Paulo: Companhia das Letras, 2006.

USBERCO, J.; SALVADOR, E. Química. Vol. un. 5. ed. São Paulo: Saraiva, 2002.

Capítulo 3

A utilidade dos materiais

A importância das propriedades dos materiais

As propriedades das substâncias e materiais são fundamentais para a sua caracterização e identificação. Principalmente, elas permitem a previsão do comportamento em diferentes situações e condições do ambiente e, com isso, definem as possíveis utilidades e aplicações de determinado material ou substância.

Para iniciar a abordagem sobre as propriedades da matéria com os estudantes, introduzir o assunto num contexto de compreensão das características dos materiais e aplicação em tudo que usamos cotidianamente, sugere-se a atividade a seguir.

Primeiro, escreva uma lista de materiais e substâncias na lousa. Ela pode abranger muitos outros além da lista abaixo, de acordo com a aplicação que você quiser discutir.

Lista de materiais: acetona, água, gás de cozinha, gasolina, etanol, gesso, tecido sintético, papelão, sal de cozinha, açúcar, vidro comum, ferro, ouro, alumínio, plástico.

Depois, faça as questões abaixo como tema gerador:

1) Da lista acima, quais materiais poderiam ser usados para a fabricação de para-choques de carros?
2) Quais você considera adequados?

3) Quais foram os critérios usados nessa seleção?
4) Quais itens da lista pode ter alguma utilidade num automóvel? Para quê?

Com essas questões, espera-se que os alunos consigam identificar como alguns critérios são importantes para definir a utilidade de cada tipo de material. Dentre eles, estão as propriedades como estado físico nas possíveis temperaturas do ambiente e do funcionamento do veículo, tenacidade (resistência ao choque e alongamentos), resistência à oxidação e ferrugem, solubilidade em água, combustibilidade, custo de matéria prima e de produção, dentre outras.

Quais são os tipos de propriedades?

O uso de cada material depende das suas propriedades específicas, que também são importantes na sua diferenciação e identificação. Mas quais são as propriedades que costumamos utilizar para isso? Dentre elas, podemos classificar as propriedades organolépticas, as físicas e as químicas.

Propriedades organolépticas: são aquelas reconhecidas pelos órgãos dos sentidos, sem necessidade de instrumentos específicos. São as mais usadas no nosso dia a dia e permitem nosso reconhecimento e interação com o mundo ao nosso redor. Elas também permitem caracterizações que auxiliam nos estudos químicos dos materiais.

Algumas delas são relacionadas a cada um dos sentidos humanos:

a) *Visão*: cor, brilho, transparência, opacidade;
b) *Paladar*: sabor doce, salgado, azedo, amargo, umami;
c) *Olfato*: odor perfumado, amadeirado, cítrico, mentolado, doce, picante, podre etc.
d) *Tato*: textura lisa, rugosa, áspera, macia etc.
e) *Audição*: sons graves, agudos, estéreo etc.

No entanto, muitos materiais não podem ser caracterizados ou reconhecidos apenas por essas propriedades. Como você distinguiria dois líquidos incolores, sabendo que um é água potável e outro é venenoso? Certamente não seria pelo sabor ou cheiro! O mais indicado seria analisar suas propriedades físicas e químicas.

Propriedades físicas: são específicas da matéria, permitindo uma caracterização mais detalhada. São relacionadas a como o material responde às condições que é submetido. Indicam o comportamento sob ações mecânicas, exposição ao calor, mudanças de temperatura, à luz, a campo elétrico ou magnético. Muitas delas podem ser medidas, classificadas e determinada sua grandeza numérica.

Alguns exemplos são: densidade, solubilidade, ponto de fusão, ponto de ebulição, viscosidade, capacidade calorífica, índice de refração, magnetismo etc.

Propriedades químicas: dizem respeito a como interagem com outros materiais e quais mudanças na constituição química podem sofrer. Ou seja, definem qual comportamento o material terá frente à fenômenos químicos, se é reativo ou inerte, que tipo de reação pode sofrer, no que se transformará, quanto tempo demora, os efeitos que causa etc.

Algumas propriedades químicas são: reatividade, corrosividade (oxidante ou redutora), inflamabilidade, combustibilidade, toxicidade, radioativo etc.

Para explicar as diferenças em propriedades físicas e químicas, é importante que os estudantes saibam diferenciar fenômenos físicos de fenômenos químicos. Uma possibilidade visual para isso é pensar em uma folha de papel: se a amassarmos, ela estará sofrendo apenas um fenômeno físico, pois continua sendo papel; se ela for queimada, sofrerá um fenômeno químico, pois altera a composição química da matéria.

Também é importante diferenciar propriedades extensivas e intensivas. As **extensivas** são propriedades gerais da matéria que mudam de acordo com a extensão/tamanho do material em questão: massa, volume, comprimento etc. Já as **intensivas** são independentes do tamanho e dependem da composição química do material em si ou do seu estado físico. Como exemplo temos a temperatura, pressão, as propriedades físicas e químicas. Elas ajudam a caracterizar e identificar os materiais. A razão entre duas propriedades extensivas resulta em uma propriedade intensiva. Um exemplo disso é a densidade, que é a razão entre massa e volume, que veremos logo adiante.

Medidas de grandezas da matéria

Para o estudo científico de qualquer material é necessário determinar diversas ordens de grandeza experimentais, utilizando instrumentos ou técnicas apropriadas. Dentre elas, seguem algumas que devem ser elucidadas com os estudantes:

Massa (m): refere-se à quantidade de matéria que existe no corpo a ser medido. Ela pode ser determinada através da comparação com outro corpo de massa conhecida (padrão), equilibrando-a numa balança de pratos, por exemplo. Porém, muito mais comum é o uso de balanças digitais. Em laboratórios de química costuma-se utilizar as balanças semi-analíticas ou analíticas de prato superior.

A unidade-padrão no Sistema Internacional de Unidades (SI) para a massa é o quilograma (kg). No entanto, é muito frequente o uso de unidades múltiplas da padrão, como o grama (1 kg = 1000 g), miligrama (1g = 1000 mg) a tonelada (1 ton = 1000 kg). A unidade de massa mais adequada depende da ordem de grandeza do material que está sendo mensurado.

Volume (V): é a extensão tridimensional de um corpo. Em outras palavras, é quanto lugar no espaço um objeto ocupa. Em objetos cúbicos ou em formato de paralelepípedo, o volume é determinado multiplicando o comprimento das três dimensões: largura, profundidade e altura.

V = largura . profundidade . altura

Dessa forma, se as medidas forem todas feitas em metros, teremos como unidade de volume o metro cúbico (m^3), que é a unidade-padrão de volume no SI. 1 m^3 equivale a 1000 litros (L).

$$[V] = m \cdot m \cdot m = [m^3] = 1000\ L$$

Seguindo essa lógica, se a medida for feita em centímetros (cm), teremos a unidade de cm^3, que equivale a 1 mililitro (mL).

Uma possibilidade para determinar o volume em sólidos irregulares é utilizar um instrumento graduado, como uma proveta, e submergir esse sólido em um certo volume inicial de água. Ao observar quanto a superfície do líquido subiu, ou seja, qual foi a variação do volume do líquido, saberemos qual é o volume do sólido submerso, já que dois corpos não podem ocupar o mesmo lugar no espaço.

Temperatura (T): é relativa ao grau de agitação das partículas que formam um corpo.

É através da diferença de temperatura entre dois corpos que o calor pode ser transferido através do processo de condução, sempre do corpo mais quente para o mais frio, até que se atinja o equilíbrio térmico entre eles, ficando ambos à mesma temperatura. Isso é o que, em Termodinâmica, chamamos de princípio zero.

A temperatura pode ser medida através de termômetros analógicos ou digitais. O termômetro utiliza uma **escala termométrica** para quantificar o grau de agitação das partículas do corpo. A escala de temperatura mais comum é a Celcius (t), cuja unidade de medida é o grau celcius (ºC). Ela foi determinada, inicialmente, definindo o zero dessa escala para a temperatura de fusão da água e o 100 para a sua temperatura de ebulição, na pressão atmosférica de 1 atm.

Contudo, a escala recomendada pelo S.I. e a mais utilizada em experimentos científicos que envolvem temperatura e transferência de calor é a escala termodinâmica ou absoluta de temperatura (T), em kelvin (K). Nela, ao contrário da celcius, não há valores negativos. Definiu-se que a ausência total de agitação da matéria seria o zero kelvin dessa escala, que em celcius corresponde a -273 ºC. Dessa forma, fazendo cada ºC equivaler a 1 K, temos que 0 ºC corresponde a 273 K e 100 ºC é o mesmo 373 K. Assim, podemos definir uma equação para a transformação numérica entre essas duas escalas:

$$T(K) = t(^{o}C) + 273$$

Pressão (P): é a intensidade da força (F) feita perpendicularmente em determinada área de superfície (A). Matematicamente, pode ser expressa como:

$$P = \frac{F}{A}$$

Usando a força em Newton (N ou $kg.m.s^{-2}$) e área em metros quadrados (m^2), temos a unidade de pressão como N/m^2 ou $kg.m^{-1}.s^{-2}$, a qual é mais comumente usada como Pascal (Pa). Ou seja:

$$1\ Pa = 1\ N/m^2 = 1\ kg.m^{-1}.s^{-2}$$

Uma forma de pressão muito importante e que pode influenciar em muitas medidas experimentais nas investigações científicas é a pressão atmosférica. Ela depende do Peso da camada de ar atmosférico exercido na superfície da Terra, em determinada área. Ao nível do mar, define-se que esta pressão equivale à um atmosfera (1 atm). Nas regiões continentais, quanto maior a altitude em relação ao nível do mar, menor é a camada de ar sob a superfície e mais rarefeito ele é (há menos ar por unidade de volume), exercendo menor pressão atmosférica. Isso influencia, por exemplo, no ponto de ebulição dos líquidos, que fervem em temperaturas menores quanto mais elevada for a altitude, já que a pressão de vapor do líquido se iguala mais facilmente à pressão atmosférica.

Para medidas de pressão atmosférica e também da pressão de um modo geral, uma unidade muito utilizada é a atmosfera (atm). Ela pode ser convertida em outras unidades úteis, como o mimímetro de mercúrio (mmHg), centímetro de mercúrio (cmHg), torricelli (torr) ou mesmo o Pascal (Pa).

Tabela 1. Equivalência entre diferentes unidades de pressão.

Unidades de pressão				
atm	**mmHg**	**cmHg**	**torr**	**Pa**
1	760	76	760	101 325

Densidade

Uma propriedade importante para identificação, caracterização e definição de utilidades de muitos materiais é a densidade. Ela é uma propriedade intensiva, definida como a razão da massa pelo volume.

$$d = \frac{m}{V}$$

Possíveis unidades de medida:
m = massa [em g ou kg];
V = volume [em cm^3 ou mL ou m^3]
d = densidade [em g/cm^3 ou g/mL ou kg/m^3];

A densidade é usada em procedimentos de identificação de materiais e separação de misturas. Por exemplo, para determinação da qualidade do etanol combustível ou a qualidade do leite, é feita com um equipamento chamado densímetro; devido às diferenças de densidade do ouro, da água e do material usado para mineração, também é possível fazer o garimpo de ouro; o mesmo também vale para a reciclagem de plásticos e metais, que podem ser separados através da diferença de densidade entre eles; no tratamento da água e esgoto, entre os processos necessários temos a flotação e a decantação, onde partes da sujeira "leve" floculada após adição de um agente aglutinante flutua sobre a água e outra parte "pesada" decanta, ou seja, afunda por ser mais densa que a água.

Algumas discussões que podem ser levantadas com os alunos relativas à densidade:

- Diferença de densidade entre materiais (sólidos, líquidos ou gasosos) que os fazem flutuar ou afundar quando misturados. Exemplo: bolhas do gás nos refrigerantes que sobem em direção à superfície do líquido, água e gasolina que não se misturam etc.;
- Diferença de densidade entre um grão de milho de pipoca cru e depois de estourado;
- Diferenças de densidade de acordo com o estado de agregação da matéria e após a mudança de estado físico;
- Facilidade com que as pessoas flutuam no Mar Morto (Israel), cuja densidade da água é muito maior que nos oceanos, devido à maior concentração de sais dissolvidos (360 g de sais por litro de água contra cerca de 37 g de sais nos oceanos).

Proposta de atividade experimental

Este conteúdo permite muitas demonstrações e atividades experimentais para serem feitas com a turma, sendo uma ótima oportunidade para haver um contato com a parte prática da Química. A seguir, deixo uma proposta de procedimento que pode ser desenvolvida ao longo de quatro horas/aula.

ROTEIRO EXPERIMENTAL: Densidade de materiais e flutuação dos objetos

Introdução: A importância das propriedades dos materiais

O uso de cada material depende das suas propriedades específicas. Elas também são importantes na diferenciação e identificação dos materiais.

Propriedades organolépticas: são reconhecidas pelos órgãos dos sentidos. São: cor, brilho, transparência, sabor, odor, textura.

No entanto, muitos materiais não podem ser reconhecidos apenas por essas propriedades. Como você distinguiria dois líquidos incolores, sabendo que um é água pura e outro é água com veneno? Certamente não seria pelo sabor ou cheiro! O mais indicado seria analisar suas propriedades físicas.

Propriedades físicas: densidade, solubilidade, temperatura de fusão e temperatura de ebulição, viscosidade, capacidade calorífica, etc são características de cada material e podem ser medidas.

Nesta aula, vamos analisar um pouco melhor a **densidade**, que é a razão entre massa e volume: $d = \frac{m}{V}$

m = massa [em g ou kg];
V = volume [em cm^3 ou mL ou m^3]
d = densidade [em g/cm^3 ou g/mL ou kg/m^3];

A densidade é usada em procedimentos de identificação de materiais e separação de misturas. Ex.: Identificação da qualidade da gasolina e álcool de posto, qualidade do leite, garimpo de ouro, reciclagem de plásticos e metais.

Materiais e métodos

Parte A: determinação de densidade

Materiais: 1 amostra de madeira, 1 bolinha de gude, 1 prego, 1 parafuso, régua, 1 proveta 25 mL, 1 proveta 10 mL, conta-gotas.

1. Identificar duas amostras de madeira recebidas com algum número. Anotar o número da amostra na tabela abaixo. Verificar também se recebeu uma bolinha de gude, um prego e um parafuso.
2. Determinar a massa de cada amostra de madeira, da bolinha de gude, do prego e parafuso na balança e anotar na tabela 1 abaixo. ATENÇÃO! MANIPUAR A BALANÇA COM MUITO CUIDADO, SEM COLOCAR OBJETOS PESADOS NO SEU PRATO.
3. Medir todos os lados (l) e determinar o volume de cada cubo de madeira: V = l3. Anotar na tabela.
4. Medir o diâmetro (d) e depois o raio (r=d/2) da bolinha de gude e determinar o volume com a equação matemática: V=4/3 πr^3.
5. Determinar o volume da bolinha de gude usando uma proveta de 25 mL: adicionar exatamente 10,0 mL de água, depois colocar a bolinha de gude em seu interior, inclinando a proveta para que ela role até o fundo do recipiente.
6. O resultado de volume da bolinha de gude determinado com a proveta foi diferente do método com a medida do diâmetro? Qual tem menos erros? Discuta no relatório.
7. Usando outra proveta de 10,0 mL, determine o volume do prego e do parafuso.
8. Anote todos os resultados na tabela 1. Faça os cálculos de densidade de todos os objetos. Faça, também, o cálculo do produto m.V.

Tabela 1. Valores calculados de densidade à temperatura ambiente.

Amostra	**Massa (g)**	**Volume (cm^3)**	**m.V**	**d = m/V (g/cm^3)**
Madeira nº				
Bolinha de gude				
Prego				
Parafuso				

Referências de densidade a 25ºC:
Ferro e aço=7,9 g/cm^3; vidro=2,7 g/cm^3; zinco=7,14 g/cm^3; alumínio=2,7 g/cm^3.
Madeiras: pinus=0,6 g/cm^3; peroba-rosa=0,66 a 0,85 g/cm^3; garapeira=0,83 g/cm^3; aroeira=1,00 a 1,21 g/cm^3.

Enquanto o volume é uma propriedade extensiva (depende da quantidade de matéria da amostra), a densidade é uma propriedade intensiva, que é característica de cada material e independe da quantidade.

- Ex. de prop. extensivas: massa, volume, energia, calor (temperatura).
- Ex. de prop. intensivas: densidade, ponto de fusão, ponto de ebulição, viscosidade.

A razão (divisão) entre duas propriedades extensivas resulta em uma propriedade intensiva. A soma, subtração ou multiplicação entre duas propriedades extensivas, continua resultado em uma grandeza extensiva.

Outro ponto importante é que a densidade depende da temperatura. Isso porque, com o aquecimento, a maioria dos materiais costuma se dilatar, alterando seu volume e, consequentemente, diminuindo sua densidade.

Parte B: Densidade e flutuação dos objetos

Materiais: béquer de 250 mL, 1 pedaço de madeira, 1 prego, 1 tampa de garrafa de metal aberta, 1 tampa de garrafa de metal amassada, papel alumínio.

Testar se os objetos mostrados na tabela 2 flutuam ou afundam em água (d=1,0 g.cm-3).

Tabela 2. Flutuação em água líquida à temperatura ambiente.

Objeto	**Densidade ($g.cm^{-3}$)**	**Resultado**
Madeira	Variável com o tipo	
Prego (aço)	7,9	
Tampa de garrafa amassada (aço)	7,9	
Tampa de garrafa aberta (aço)	7,9	
Bolinha de papel alumínio	2,7	
Folha de papel alumínio	2,7	

Podemos supor que objetos “leves” flutuam e “pesados” afundam? Mas o que dizer de um pedaço grande de madeira (pesado) que flutua e um clips (leve) que afunda??

Na verdade, a flutuação depende da densidade do objeto e da água. Objetos mais densos que a água, afundam, enquanto os menos densos, flutuam. Contudo, observamos que objetos densos como a lâmina de barbear, a tampa de garrafa e o papel alumínio podem flutuar dependendo da forma como são postos sobre a água. A lâmina e o papel alumínio flutuam se a tensão superficial da água não for quebrada. A tampinha, além da tensão superficial, flutua porque o ar que entra na tampa faz com que ela fique com um grande volume e baixa massa, ou seja, baixa densidade. Esse é o mesmo princípio que faz barcos e navios grandes e pesados flutuarem.

Parte C: Densidade de líquidos

Materiais: 2 béqueres de 50 mL, 1 pipeta volumétrica de 10 mL, pera ou pipetador, 2 balões volumétricos de 10 ou 25 mL, 2 conta gotas, água destilada, etanol 95 %.

Para medir o volume de um líquido basta usar uma vidraria volumétrica ou graduada como balão volumétrico, proveta, pipeta, bureta etc.). Para determinar a densidade de um líquido proceda da seguinte forma:

1. Na balança, determine a massa de um béquer de 50 mL vazio e seco. Anote a massa (m_{vazio}).
2. Com ajuda de outro béquer com água destilada e uma pipeta volumétrica de 10 mL, succione a água até a marca de aferição. Use uma pera ou pipetador para fazer a sucção. Acerte o menisco do líquido na marcação volumétrica da pipeta, depois despeje seu conteúdo no béquer vazio e seco cuja massa foi determinada.
3. Pese novamente o conjunto bequer + 10 mL de água (mcheio). Faça a subtração dessa massa em relação à massa do béquer vazio para saber a massa apenas do líquido (mlíquido).
4. Use dos dados para calcular a densidade (d) do líquido.
5. Repita o procedimento acima com álcool (etanol) usando o balão volumétrico. Agora, você pode determinar diretamente a massa do balão seco e vazio na balança e, depois, completar até sua marca com etanol e determinar a massa novamente. Anote que tipo de etanol foi usado (46%, 70%, 95% ou anidro).

Água destilada: m_{vazio} =_______ g m_{cheio} =______ g

$m_{líquido} = m_{cheio} - m_{vazio}$ = _______ g Volume = ______ mL

d= __________ g/mL

Etanol: m_{vazio} =_______ g m_{cheio} =______ g

$m_{líquido} = m_{cheio} - m_{vazio}$ = _______ g Volume = ______ mL

d= __________ g/mL

A densidade de mistura de líquidos depende da proporção entre os diferentes componentes da mistura. Ela tende a ser intermediária entre o líquido de maior densidade e o de menor densidade.

Mistura Água : Etanol (50% v/v):
m_{vazio} =_______ g m_{cheio} =______ g

$m_{líquido} = m_{cheio} - m_{vazio}$ = _______ g Volume = ______ mL

d= __________ g/mL

A densidade de líquidos no controle de qualidade de alguns produtos, que ajudam a identificar alterações em sua composição. Para facilitar as medidas costuma-se usar um densímetro. Ex.: água no etanol, etanol na gasolina, água no leite, etc.

Referências

ATKINS, P. W. Atkins, físico-química, vol. 1, Rio de Janeiro: LTC, 2008.

BALL, D. W. Físico-Química, vol. 1, São Paulo: Cengage Learning, 2014.

BROWN, T. L. Química, a ciência central. São Paulo: Pearson Prentice Hall, 2005.

CANTO, E. L. do. Química na Abordagem do Cotidiano, v. 1: ensino médio, 1. ed., São Paulo: Saraiva, 2016.

FONSECA, M. R. M. da. Química – Martha Reis, v.1: ensino médio, 1.ed., São Paulo: Ática, 2016.

LENZI, E.; FAVERO, L. O.; TANAKA, A. S.; VIANA FILHO, E. A.; SILVA, M. B.; GIMENES, M. J. Química Geral Experimental. 2. Ed., Rio de Janeiro: Freitas Bastos Editora, 2012.

USBERCO, J; SALVADOR, E. Química. Vol. un. 5. ed. São Paulo: Saraiva, 2002.

Capítulo 4

Como são as moléculas?

Introdução

A água é conhecida como "solvente universal" devido à sua grande capacidade de solubilizar uma quantidade enorme de substâncias, misturando-se facilmente a elas. Mas será que a água se mistura com tudo? O que acontece quando tentamos misturá-la com óleo? Se ela o solvente universal, por que não dissolve o óleo? E se colocarmos detergente nisso tudo, ele se mistura?

Esse é um ótimo momento para introduzir o assunto de polaridade e geometria molecular, sem precisar dar respostas agora, mas levantar os questionamentos para que isso possa ser discutido no decorrer das aulas desta sequência didática. Vamos fazer esse experimento simples e demonstrativo com os alunos, colocando água e óleo em um béquer. Depois, água e detergente em outro recipiente. Num terceiro béquer, óleo e detergente. Verifique se ocorre a mistura ou não em cada caso. Por fim, adicione detergente no primeiro béquer que contem água e óleo e agite com um bastão. Algo mudou. Tente aplicar algumas etapas do método científico, visto no capítulo 2, para buscar explicações.

Comece questionando o que pode acontecer em cada caso e, através do conhecimento prévio dos alunos, vá construindo e testando diferentes hipóteses. Depois de cada teste, peça para os alunos irem registrando o que aconteceu. Em seguida, veja se conseguem explicar os resultados e formular alguma teoria que possa ser generalista e aplicável em outros casos.

As explicações mais detalhadas para esses fenômenos dependem, além da densidade, também da geometria molecular, polaridade e forças intermoleculares, que veremos a seguir.

Com o que uma molécula se parece?

Já vimos que os átomos têm uma estrutura com algumas partes essenciais, dentre elas o núcleo e a eletrosfera. De acordo com os modelos atômicos que temos até hoje, eles são esféricos, embora a eletrosfera não tenha exatamente uma circunferência delimitada. Mas e uma molécula, como deve ser? Com o que se parece?

Ora, existe uma infinidade de moléculas diferentes, cada uma tem uma aparência, uma estrutura que depende de vários fatores, inclusive do seu tamanho e graus de liberdade. A forma mais usual de representar as estruturas moleculares, através da estrutura eletrônica (ou de Lewis), é uma tentativa de demonstrar as ligações químicas e os elementos envolvidos na formação da molécula. Mas ela não representa a sua forma espacial real, também conhecida como geometria molecular.

Existem alguns elementos primordiais que definem a geometria da molécula inteira, se ela for pequena, ou de cada fragmento molecular, se ela for grande. É possível prever e compreender qual será a disposição espacial de um átomo ligado a outro(s) átomo(s) periférico(s) com algumas regras de geometria molecular.

Para isso, utilizamos a **Teoria da Repulsão dos Pares de Elétrons do Nível de Valência (RPENV)**, segundo a qual, os pares de elétrons na camada de valência (ligantes ou não ligantes), se repelem até atingirem a máxima distância possível para diminuir a repulsão eletrostática. O livro Química Cidadã (SANTOS e MÓL, 2016), traz a imagem (Figura 1) de como seria a disposição de pares de cargas elétricas colocadas na superfície de uma esfera, representando a camada de valência de um átomo.

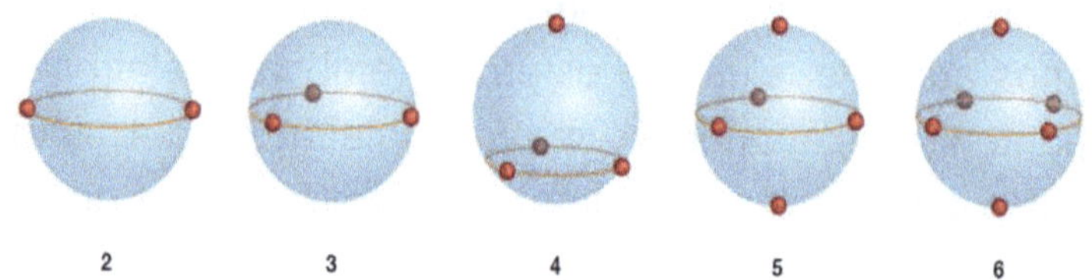

Figura 1. Número de pares de cargas numa superfície esférica e os arranjos que adquirem devido à repulsão elétrica (extraída de SANTOS e MÓL, 2016).

Essa mesma disposição também é conseguida com a clássica demonstração com balões de festas inflados, onde a máxima distância entre eles ocorre de acordo com o número de balões amarrados num único ponto central (Figura 2). Vale a pena fazer essa demonstração em sala de aula.

Figura 2. Demonstração de arranjos com a máxima distância entre balões amarrados (extraída de USBERCO e SALVADOR, 2002).

Geometria Molecular

A forma espacial de qualquer molécula que tem um átomo central (A) e n átomos ligantes (L), cuja fórmula molecular tenha o formato AL_n, é derivada de uma das cinco estruturas básicas, também chamados de arranjos, apresentados abaixo (Figura 3). As imagens a seguir foram extraídas do livro "Química: A Ciência Central" (BROWN, 2005).

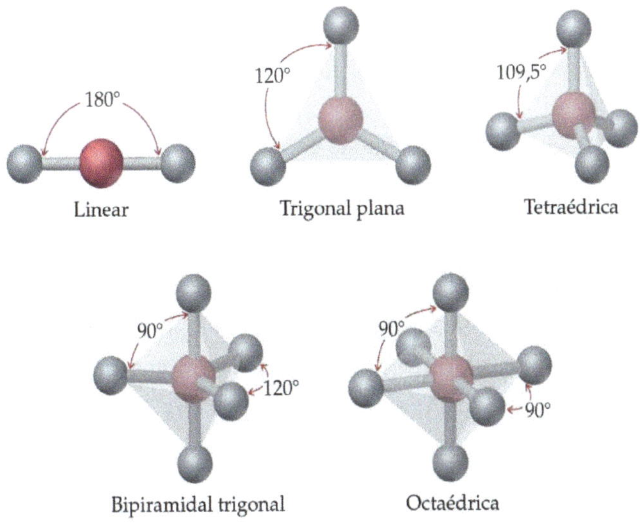

Figura 3. Os cinco arranjos geométricos básicos (extraído de BROWN, 2005).

Os arranjos acima são básicos porque, a partir deles, outras geometrias podem ser obtidas, caso no lugar de alguns dos átomos ligantes (L) se tenha pares de elétrons não ligantes, que também repelem os elétrons de valência que fazem ligações químicas, interferindo no arranjo. A Figura 4 ilustra um exemplo baseado no arranjo tetraédrico, com quatro ligantes (AL_4), mostrando que se no lugar de um destes ligantes, houver um par não ligante, se obtém a geometria piramidal trigonal, enquanto se tivermos 2 pares ligantes e 2 não ligantes, forma-se a geometria angular.

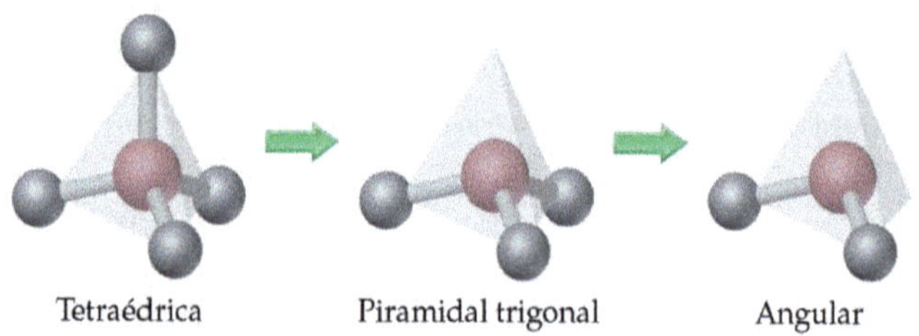

Figura 4. Geometrias derivadas do arranjo tetraédrico quando um ou dois pares de elétrons são não ligantes (extraído de BROWN, 2005).

A literatura também utiliza o termo "domínio de elétrons" para descrever os pares de elétrons ligantes ou não ligantes. Desta forma, a Figura 5 traz as possíveis geometrias moleculares obtidas para os arranjos de 2, 3 e 4 domínios de elétrons ao redor do átomo central, variando a quantidade entre ligantes e não ligantes.

Experimentalmente, o ângulo de ligação H-A-H diminui ao passarmos do carbono (C) para o nitrogênio (N) e para o oxigênio (O), como demonstra a Figura 6. Como os elétrons em uma ligação são atraídos por dois núcleos, eles não se repelem tanto quanto os pares solitários. Consequentemente, os ângulos de ligação diminuem quando o número de pares de elétrons não-ligantes aumenta, já que também aumenta a repulsão entre eles, "empurrando" os pares ligantes para mais perto uns dos outros.

Número de domínios de elétrons	Arranjo	Domínios ligantes	Domínios não-ligantes	Geometria molecular	Exemplos
2	Linear	2	0	Linear	$O=C=O$
3	Trigonal plano	3	0	Trigonal plana	BF_3
		2	1	Angular	$[NO_2]^-$
4	Tetraédrico	4	0	Tetraédrica	CH_4
		3	1	Piramidal trigonal	NH_3
		2	2	Angular	H_2O

Figura 5. Arranjos e geometrias para moléculas de 2, 3 e 4 domínios ao redor do átomo central (extraído de BROWN, 2005).

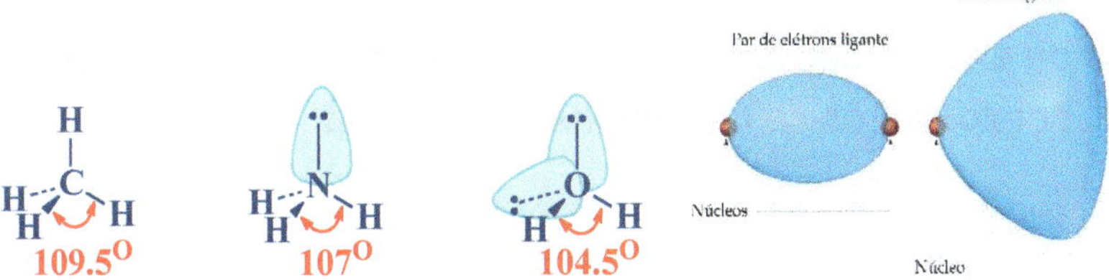

Figura 6. Efeito dos elétrons não ligantes nos ângulos de ligações (adptado de BROWN, 2005).

Desta forma, o procedimento para determinar o arranjo espacial e a geometria molecular pode ser sistematizado desta forma:

1. Desenhar a estrutura de Lewis;
2. Contar o número total de domínios de elétrons ao redor do átomo central;
3. Ordenar os domínios de elétrons em uma das 5 geometrias básicas para minimizar a repulsão elétron-elétron (conte cada ligação múltipla como um domínio).
4. Usar a distribuição dos átomos ligados para determinar a geometria molecular.

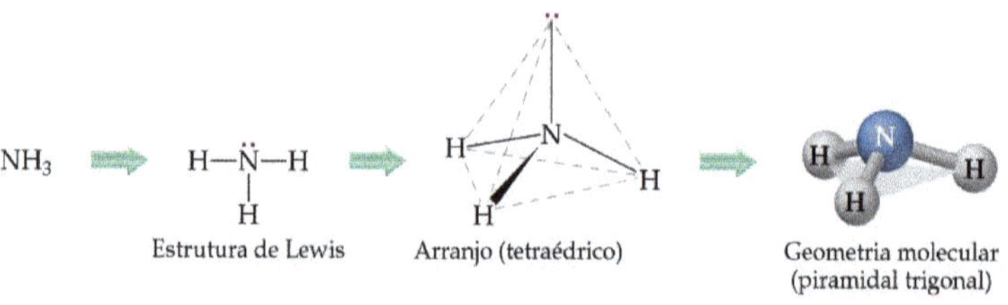

Figura 7. Determinação da geometria a partir da fórmula molecular e estrutura de Lewis (extraído de BROWN, 2005).

Por tratar de abordagens introdutórias, voltadas principalmente ao Ensino Médio, não serão abordados neste livro as geometrias obtidas a partir dos arranjos AL_5 (bipirâmide trigonal) e AL_6 (octaédrico) por demandarem de explicações sobre ligações químicas com expansão do octeto eletrônico na camada de valência.

Formas espaciais de moléculas que não têm um único átomo central

A medida que a molécula se torna maior, a complexidade na análise geométrica aumenta. A geometria como um todo, resultará das interações entre os domínios ligantes e não ligantes ao redor de cada átomo que faz parte de uma cadeia principal. Muitas destas determinações precisam ser feitas experimentalmente, através de técnicas sofisticadas de raios-X ou através de modelagens computacionais, utilizando cálculos complexos de Mecânica Quântica ou a Teoria do Funcional da Densidade (DFT).

Vamos analisar o exemplo da estrutura do ácido acético (CH_3COOH), mostrado na Figura 8. Nela, existem três átomos centrais. Atribuímos a geometria ao redor de cada átomo central separadamente.

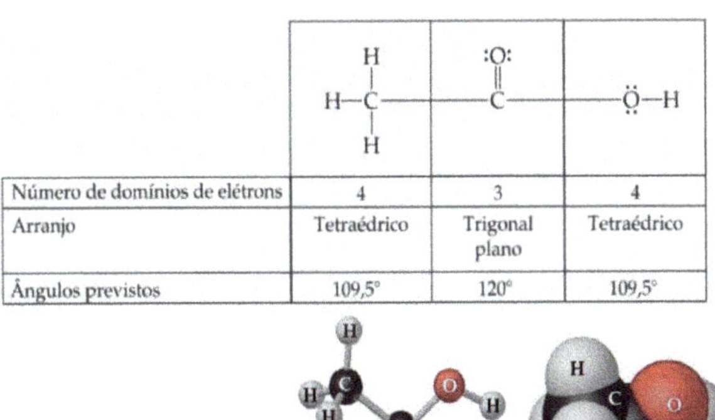

	CH_3–	–C(=O)–	–Ö–H
Número de domínios de elétrons	4	3	4
Arranjo	Tetraédrico	Trigonal plano	Tetraédrico
Ângulos previstos	109,5°	120°	109,5°

Figura 8. Geometria do ácido acético.

Polaridade Molecular

As moléculas são compostas por átomos ligados, que por sua vez, são dotados de cargas elétricas positivas (prótons no núcleo) e negativas (elétrons). Contudo, sabemos que átomos de diferentes elementos têm capacidades distintas de atrair outras cargas elétricas, o que pode ser compreendido em termos da eletronegatividade. Quando dois átomos do mesmo elemento estão ligados, eles têm a mesma eletronegatividade. Assim, um não atrai os elétrons da ligação com mais força que o outro. Ou seja, eles ficam igualmente distribuídos entre os átomos ligados, deixando esta ligação sem um polo (δ^0) mais positivo e outro mais negativo, ou seja, fica **apolar**. Exemplo:

Molécula de $H_2(g)$

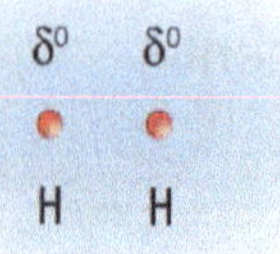

Imagem extraída de FONSECA, 2016.

No entanto, quando dois átomos diferentes estão ligados, eles têm diferenças de eletronegatividade, sendo que o elemento mais eletronegativo atrairá com mais força os elétrons da ligação para si, ficando parcialmente negativo (δ-), enquanto o outro átomo fica parcialmente positivo (δ+). Essa ligação é chamada de **polar**. Exemplo:

Molécula de HCℓ(g)

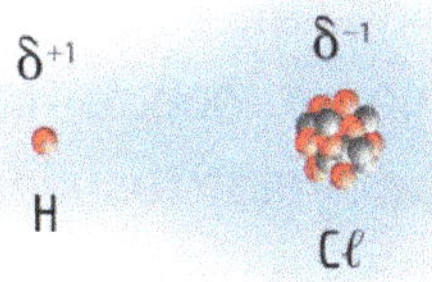

Imagem extraída de FONSECA, 2016.

Para determinar a magnitude da polaridade de uma ligação, é possível utilizar a diferença de eletronegatividade de Pauling, cujos valores são expressos na Tabela 1.

Quanto maior essa diferença, mais polar é a ligação. Até a diferença de 1,6, essa ligação é considerada covalente polar. Acima dele, a atração dos elétrons por um dos elementos é tão grande que a ligação se torna predominantemente iônica, ou seja, o elemento de menor eletronegatividade perde seu(s) elétron(s) de valência para o mais eletronegativo, tornando-se íons com cargas positiva e negativa.

Tabela 1. Eletronegatividade de Pauling para alguns elementos (extraído de SANTOS e MÓL, 2016).

VALORES DE ELETRONEGATIVIDADE DOS ÁTOMOS DE ALGUNS ELEMENTOS QUÍMICOS	
Elemento	**Eletronegatividade**
F	3,98
O	3,44
Cl	3,16
N	3,04
Br	2,96
I	2,66
S	2,58
C	2,55
H	2,20
Fr	0,7

A determinação da polaridade de uma molécula, no entanto, depende de outros fatores além da diferença de eletronegatividade. Moléculas com ligações polares podem ser apolares, como ocorre com o CO_2, por exemplo. Isso se deve ao vetor resultante (μ_r) da soma vetorial de todas as ligações da molécula, que deve considerar a geometria molecular correta (Figura 9). Quando o vetor resultante for zero, a molécula é apolar. Para ser polar, a soma vetorial deve dar uma resultante diferente de zero. O vetor resultante é mais conhecido como **Momento de Dipolo Total** da molécula.

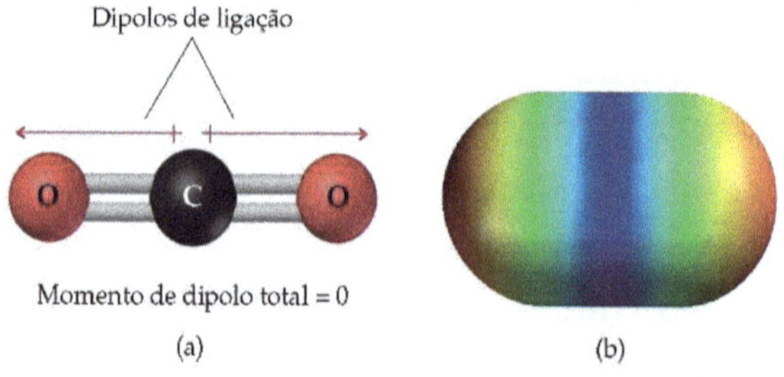

Figura 9. (a) Soma vetorial dos dipolos de ligações do CO_2. (b) Mapa de Potencial Eletrostático do CO_2 (extraído de BROWN, 2005).

No CO_2, os dois vetores dos dipolos das ligações polares C=O tem a mesma intensidade e a mesma direção, mas apontam em sentidos opostos, por isso, se cancelam e resultam em zero, tornando a molécula apolar. Isso se deve à geometria linear do dióxido de carbono.

Porém, na água, os dois vetores das ligações H-O também são polares, mas devido à geometria angular, apontam em direções diferentes, sem se anularem. Isso torna a molécula polar, já que o vetor momento de dipolo total é diferente de zero (Figura 10). A distribuição da densidade de cargas eletrostáticas pode ser observada na parte (b) das figuras 9 e 10. Nelas, quanto mais próximo de vermelho for a cor, mais negativa é a região da molécula e quanto mais próximo ao azul, mais positiva (ou menos negativa).

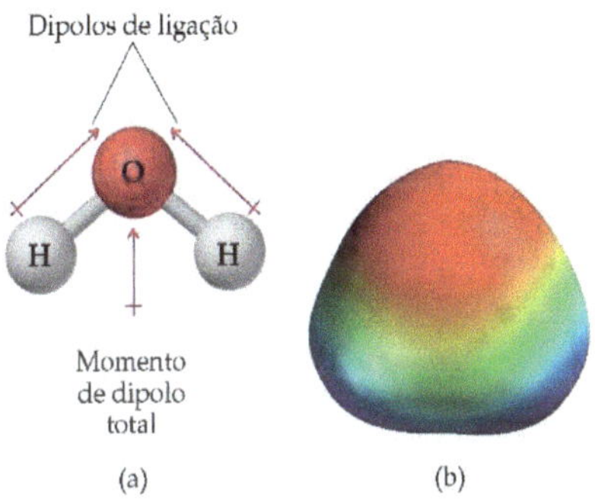

Figura 10. (a) Soma vetorial dos dipolos de ligações da água. (b) Mapa de Potencial Eletrostático da água (extraído de BROWN, 2005).

Na Tabela 2 a seguir, são mostrados alguns exemplos de moléculas com suas geometrias e as somas vetoriais resultantes para concluir a respeito da polaridade da substância.

Através da determinação da geometria e polaridade molecular, é possível prever diversas propriedades das substâncias como: previsão comparativa de ponto de fusão e ebulição entre substâncias diferentes, tensão superficial, miscibilidade, solubilidade, reatividade frente à outras substâncias dentre outros comportamentos químicos e físicos.

Tabela 2. Exemplos de substâncias com a soma vetorial e polaridade resultante.

Fórmula molecular	Geometria	Vetores	$\vec{\mu}_r$	Molécula
$HC\ell$	$\overset{+\delta}{H} - \overset{-\delta}{C\ell}$	$H \xrightarrow[\vec{\mu}]{} C\ell$	$\vec{\mu}_r \neq 0$	polar
CO_2	$\overset{-\delta}{O} = \overset{+\delta+\delta}{C} = \overset{-\delta}{O}$	$O \xleftarrow[\vec{\mu}]{} C \xrightarrow[\vec{\mu}]{} O$	$\vec{\mu}_r = 0$	apolar
H_2O	−δ−δ O; H +δ, H +δ	O; H H	$\vec{\mu}_r \neq 0$	polar
NH_3	−δ −δ −δ N; H +δ, H +δ, H +δ	N; H H H	$\vec{\mu}_r \neq 0$	polar

É através da geometria e polaridade que podemos começar a responder algumas das questões feitas no início deste capítulo. É muito importante retomá-las ao final deste conteúdo para avaliar a compreensão dos estudantes e dar sentido a todos estes conteúdos complexos. Uma regra que deve ser introduzida (ou relembrada) com os alunos é a de que "semelhante dissolve semelhante", para tratar sobre a miscibilidade das substâncias. Ou seja, que substâncias polares são miscíveis com outras polares, enquanto as apolares se misturam com outras apolares.

Inclusive, é através da polaridade, entre outros fatores, que analisaremos o conteúdo do próximo capítulo, sobre forças intermoleculares, que reforça ainda mais a previsão dos comportamentos químicos e físicos destacados acima.

Mas antes, deixo uma proposta de atividade para que os alunos consigam analisar a geometria e polaridade molecular com mais facilidade, principalmente para estruturas complexas, através da plataforma online MolView.

Proposta de atividade sobre geometria e polaridade molecular utilizando a plataforma MolView

Vamos usar a aplicação web de construção e visualização molecular chamada MolView (molview.org) para construir representações tridimensionais de algumas moléculas e estudar sua geometria e polaridade. Abaixo, seguem as instruções para os alunos.

Construindo estruturas no MolView

Vamos abrir o navegador de internet e digitar o endereço eletrônico: molview.org (ou simplesmente clique aqui: https://molview.org/). Clique em Close Popup.

Ao carregar a página, deve aparecer a fórmula estrutural da cafeína, tanto em sua forma bidimensional (2D) quanto na tridimensional (3D), à direita. Clique no botão de lixeira (clear all) para excluir e limpar o ambiente de trabalho.

1. Agora, na tela da esquerda, construa cada molécula solicitada no quadro abaixo selecionando os elementos e tipos de ligações adequadas. Use os botões da coluna da esquerda, do meio e do topo da tela.

2. Depois de finalizar a molécula, clique no botão *2D to 3D* para gerar a imagem tridimensional, à direita da tela.
3. Para gerar a imagem da Fórmula Estrutural, clique no menu *Tools* e em *EXPORT Structural formula image*. Abra a pasta onde a imagem foi baixada, copie e cole no quadro abaixo para preparar o arquivo que será enviado ao seu professor como atividade avaliativa.
4. Para gerar a Fórmula Tridimensional, clique no menu *Tools* e em *EXPORT 3D model image*. Abra a pasta onde a imagem foi baixada, copie e cole no quadro abaixo. Escreva o nome da geometria molecular.
5. Para determinar os ângulos entre três átomos, vá ao menu *Jmol* e em *MEASUREMENT* clique em *Angle*.
6. Gere o Mapa de Potencial Eletrostático (MEP), que mostra a distribuição de cargas na molécula mostrando, também, o vetor momento de dipolo elétrico total. Para isso, siga os passos: no menu *Jmol*, vá até *CALCULATIONS* e clique em *Overall dipole*. Responda se a molécula é polar ou apolar na tabela.
7. Para gerar o MEP, vá novamente no menu *Jmol* e clique em *MEP surface lucent*. Em *Tools* exporte novamente a imagem clicando em *3D model image*, copie e cole no quadro abaixo.
8. Dica: se nenhum vetor momento de dipolo for gerado, a molécula é apolar. Neste caso, também não será gerado MEP, pois não há distribuição de densidade de eletrônica para ser mostrada.

Fórm. Molecular e nome	Fórm. Estrutural	Fórm. Tridimensional	Geometria	Ângulo	MEP com dipolo	Polaridade
HF Fluoreto de hidrogênio	H — F		linear	180°		polar
CH_2O Metanal	O=C(H)H					

CCl_4 Tetracloreto de carbono	Cl Cl—C—Cl Cl					
NH_3 Amônia	H—N̈—H H					
H_2O Água	O H H					
CO_2 Dióxido de carbono	O=C=O 116.3 pm					

Durante a atividade, é importante que o professor vá conduzindo as discussões para que os alunos analisem as regiões de cada MEP que ficam mais vermelhas e as que ficam azuis. Faça associações com a eletronegatividade dos elementos químicos, com a geometria molecular e os ângulos de ligações. Analise se a molécula é polar ou apolar e estime sua miscibilidade com as outras moléculas cuja geometria e polaridade foram determinadas. A atividade deve ter significado químico para que seja proveitosa, por isso o professor deve direcionar as discussões, mais do que verificar se o aluno aprendeu a operar a plataforma.

Referências

BROWN, T. L. Química, a ciência central. São Paulo: Pearson Prentice Hall, 2005.

CANTO, E. L. do. Química na Abordagem do Cotidiano, v. 1: ensino médio, 1. ed., São Paulo: Saraiva, 2016.

FONSECA, M. R. M. da. Química – Martha Reis, v.1: ensino médio, 1.ed., São Paulo: Ática, 2016.

LENZI, E.; FAVERO, L. O.; TANAKA, A. S.; VIANA FILHO, E. A.; SILVA, M. B.; GIMENES, M. J. Química Geral Experimental. 2. Ed., Rio de Janeiro: Freitas Bastos Editora, 2012.

SANTOS, W. e MÓL, G. (coords.). Química Cidadã. Vol. 1, 3.ed., São Paulo: AJS, 2016.

USBERCO, J; SALVADOR, E. Química. Vol. un. 5. ed. São Paulo: Saraiva, 2002.

Capítulo 5

Como as moléculas interagem?

Forças de van der Waals

As forças intermoleculares são fundamentais para a compreensão de uma série de fenômenos que ocorrem na matéria, como solubilidade, densidade, tensão superficial, volatilidade, atração ou repulsão eletrostática, entre muitos outros. Para iniciar esta aula, podemos lançar mão de questionamentos iniciais para problematizar o conteúdo, de acordo com as questões extraídas de Fonseca (2016):

- *Por que alguns insetos podem andar sobre a água?*
- *Por que a cola cola?*
- *Como se formam as bolhas de sabão?*
- *Por que o óleo se espalha uniformemente na superfície da água?*
- *Por que a gasolina evapora mais rápido que a água?*

A resposta para essas perguntas passa pelo entendimento das forças intermoleculares. Ou seja, o que faz as moléculas ficarem juntas? Essas interações entre diferentes moléculas começaram a ser compreendidas em 1873 por Johannes Diederik van der Waals, ficando conhecidas como forças de van der Waals.

Transição de fases

A volatilidade dos líquidos depende da evaporação, ou seja, da transição de moléculas da fase líquida para a gasosa (ou vapor). Para que isso possa acontecer, as forças de van der Waals que atuam entre as moléculas do líquido precisam ser rompidas. Quanto mais fortes elas forem, mas difícil será a evaporação e menos volátil será o líquido. Isso também afeta o ponto de ebulição (temperatura em que a pressão de vapor do líquido se iguala à pressão atmosférica e ocorre a fervura), que será maior quando as forças intermoleculares forem grandes, já que a passagem ao estado gasoso demanda o rompimento quase que total das interações intermoleculares.

Isso explica porque na Figura 1 vemos a gasolina evaporar em maior quantidade que a água depois de algum tempo deixadas em recipientes abertos. Mas quais são as diferenças nas forças intermoleculares destes dois líquidos? A explicação passa pela diferença de polaridade entre eles, o que veremos adiante.

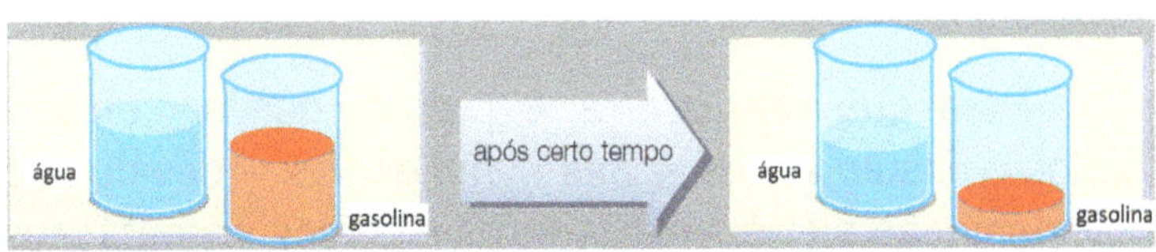

Figura 1. Evaporação distinta da água e gasolina devido à diferença de volatilidade e do ponto de ebulição (adaptado de USBERCO e SALVADOR, 2002).

Além de interferir no ponto de ebulição, o ponto de fusão (temperatura onde sólido e líquido coexistem durante a transição de uma fase para outra) também depende das forças intermoleculares. Ou seja, interações mais fortes, fazem o ponto de fusão ser maior, já que a organização do retículo cristalino do sólido precisa ser rompida para fundir, tornando o estado líquido desorganizado molecularmente e enfraquecendo as interações intermoleculares.

Dipolo induzido

Dentre todas as formas de forças intermoleculares, ela é a mais fraca de todas. Ela pode ser formada em todos os tipos de moléculas, mas em **moléculas apolares** é o único tipo de interação possível, enquanto que em moléculas polares também ocorrem interações mais fortes que a dipolo induzido.

Sabemos que interações eletrostáticas dependem de cargas elétricas. Cargas iguais (+ com + ou - com -) se repelem e diferentes (+ com -) se atraem. Mas como podem ocorrer interações eletrostáticas intermoleculares em moléculas apolares, sabendo que elas não têm polos, ou seja, não tem uma separação evidente de carga positiva e negativa?

Para que isso ocorra, é preciso que se formem dipolos instantâneos nas moléculas devido à movimentação eletrônica. Os polos elétricos instantâneos formados irão induzir a forção de dipolos em moléculas vizinhas, ou seja, ocorre indução da formação de cargas em outras moléculas, resultando em uma leve atração eletrostática entre elas, mas que rapidamente é desfeita devido ao contínuo movimento eletrônico em ambas as estruturas. Esse processo é bem ilustrado no livro de Canto (2016), mostrado na Figura 2.

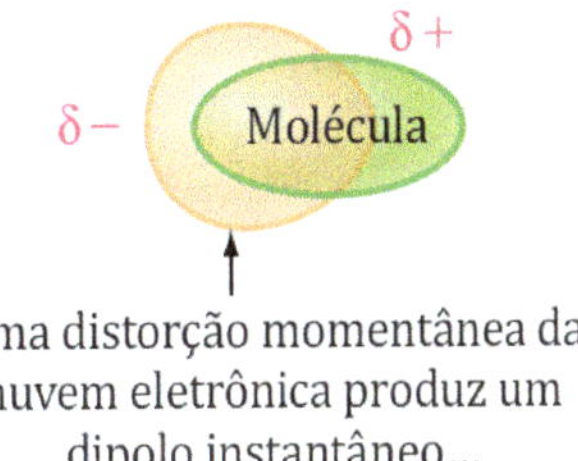

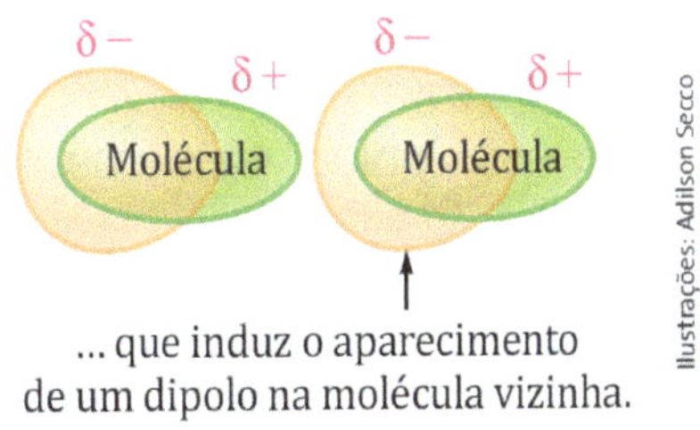

Figura 2. Formação de dipolo instantâneo que induz outro dipolo numa molécula vizinha (extraído de CANTO, 2016).

Essas interações do tipo dipolo instantâneo-dipolo induzido também são conhecidas como forças de dispersão de London, em homenagem a Fritz Wolfgang London (1900-1954).

Um ponto importante para destacar é que quanto maior for uma molécula apolar, maior é sua movimentação eletrônica, possibilitando a formação de dipolos instantâneos com mais facilidade. Isso se reflete em aumento da força de interação, causando, por exemplo, aumento do ponto de fusão e de ebulição com o aumento do tamanho da molécula. Por exemplo, enquanto o metano (CH_4) tem ponto de ebulição de -161,5 ºC, o do hexano (CH_3-CH_2-CH_2-CH_2-CH_2-CH_3) é 68,7 ºC.

Dessa forma, enquanto o metano é um gás na temperatura ambiente (~25 ºC), o hexano é um líquido.

Dipolo-dipolo

Formam-se entre **moléculas polares** neutras (não iônicas) de forma atrativa, sendo mais fortes que as interações de dipolo induzido. Em moléculas polares, há separação permanente de cargas parciais, formando dipolos elétricos. Assim, o polo positivo de uma interage atrativamente com o polo negativo de outra molécula vizinha, enquanto os polos semelhantes interagem repulsivamente (Figura 3).

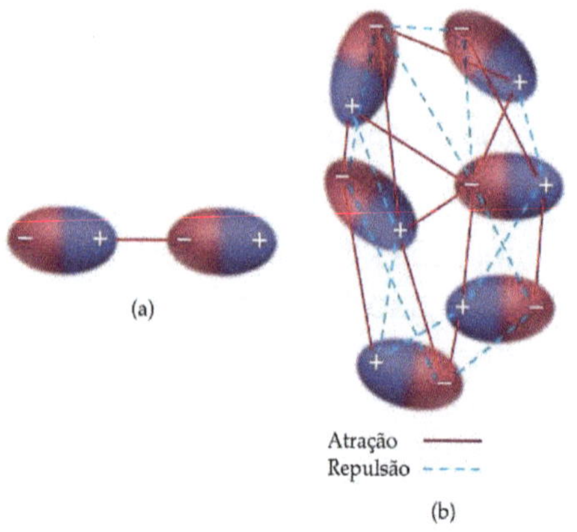

Figura 3. (a) Força dipolo-dipolo entre duas moléculas polares. (b) Interações atrativas e repulsivas entre moléculas polares (extraído de BROWN, 2005).

Desta forma, substâncias polares costumam ter pontos de fusão e ebulição maiores que as apolares, além de serem menos voláteis. Em duas moléculas com massas e tamanhos parecidos, as forças dipolo-dipolo aumentam com o aumento da polaridade. Além disso, o ponto de fusão e ebulição aumenta com o momento de dipolo. Por exemplo, o éter dimetílico tem momento de dipolo de 1,3 debye e ponto de ebulição de -24 ºC. Já a acetonitrila, que é mais polar (momento de dipolo de 3,9 debyes), entra em ebulição aos 82 ºC devido ás maiores forças atrativas que ocorrem com o maior momento de dipolo.

Uma forma semelhante de interação também pode acontecer em misturas de compostos iônicos em substâncias polares, a qual chamamos de **íon-dipolo** (Figura 4). Esse tipo de interação é mais forte que a dipolo-dipolo, já que os íons têm cargas formais definitivas e permanentes. A interação íon-dipolo favorece a dissolução de sólidos iônicos em líquidos polares, como, por exemplo, NaCl (cloreto de sódio) em água. Ela também influencia os valores de coeficientes de solubilidade.

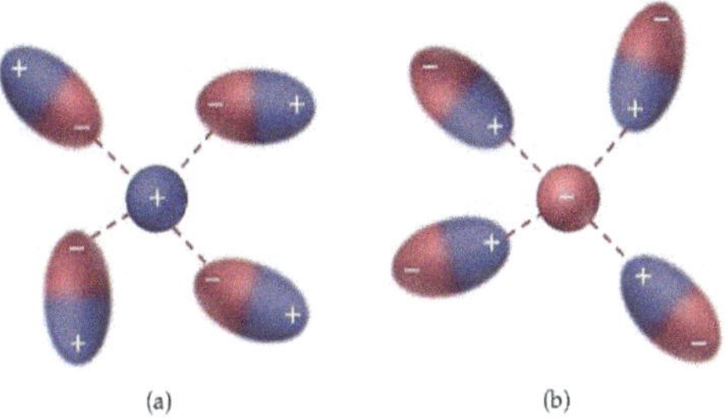

Figura 4. Interação íon dipolo entre: (a) um cátion e polos negativos de moléculas polares; (b) um ânion e polos positivos de moléculas polares (extraído de BROWN, 2005).

Ligação hidrogênio

É semelhante à interação dipolo-dipolo, mas somente ocorrem em moléculas muito polares que tenham os elementos de maior eletronegatividade (Flúor, Oxigênio e Nitrogênio) ligados ao Hidrogênio (ametal de baixa eletronegatividade), como mostrado na Figura 5. Desta forma, é o tipo de ligação de van der Waals mais forte de todas.

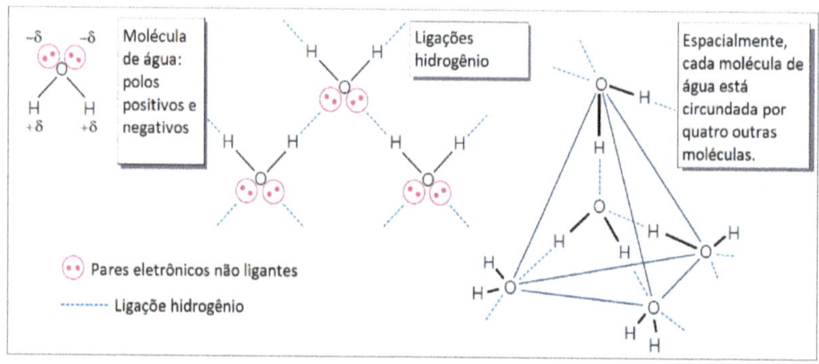

Figura 5. Ligação hidrogênio entre moléculas de água (adaptado de USBERCO e SALVADOR, 2002).

Os pontos de ebulição de compostos com ligações H–F, H–O e H–N são anomalamente altos. Estruturalmente, as moléculas de água (H_2O) e sulfeto de hidrogênio (H_2S), por exemplo, são muito semelhantes. Porém, enquanto o ponto de ebulição da água é de 100 ºC, o do H_2S é de apenas -60 ºC, sendo um gás à temperatura ambiente. Ou seja, apesar de ambas as substâncias serem polares e com geometrias semelhantes, a presença de ligação H–O na água a faz ter ligações hidrogênio entre suas moléculas muito mais fortes que as ligações dipolo-dipolo que acontecem no sulfeto de hidrogênio.

Tensão superficial

É através das forças intermoleculares que conseguimos compreender um fenômeno importante da natureza chamado de tensão superficial. Ele se deve às diferenças de interações que ocorrem entre moléculas que estão no interior de um líquido em relação às que estão na superfície dele. Enquanto uma molécula no interior interage com moléculas ao seu redor em todas as direções, aquelas que estão na superfície só podem interagir com moléculas laterais e inferiores, não tendo moléculas do líquido acima delas para interagir (Figura 6).

Isso faz com que a superfície do líquido sofra uma contração que causa a impressão de existir uma pequena película. Em líquidos onde as forças intermoleculares são grandes, principalmente os que fazem ligações hidrogênio, a tensão superficial é alta. A água é o líquido com maior tensão superficial que se conhece. Isso permite a curvatura característica de sua superfície que vemos ao encher um copo até quase transbordar. Explica o choque que sentimos ao pular de barriga numa piscina e, também, o que permite muitos pequenos insetos conseguirem andar em sua superfície sem afundar.

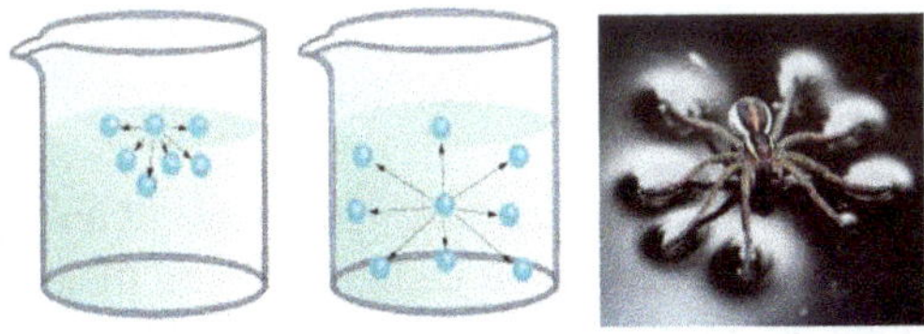

Figura 6. Tensão superficial da água: simulação das interações em moléculas na superfície e no interior do líquido. Inseto andando na superfície da água devido à grande tensão superficial (adaptada de FONSECA (2016) e USBERCO e SALVADOR, 2002).

Como funcionam as colas?

Para que a cola consiga unir uma superfície à outra, é preciso que ela seja desenvolvida com substâncias que estabeleçam fortes interações intermoleculares com os tipos de materiais que se destinam a colar. Dessa forma, as ligações de van der Waals são as responsáveis por manter dois objetos colados, sendo que quanto maiores essas forças, mais forte ficarão grudados.

Proposta de atividade

Para colocar em prática os conhecimentos deste capítulo e de outros anteriores, duas propostas de atividades práticas são apresentadas. A primeira é para descobrir a polaridade de diferentes substâncias através da miscibilidade e solubilidade. A segunda, para a determinação do teor de etanol na gasolina.

ATIVIDADE EXPERIMENTAL 1: Polaridade e miscibilidade

Separe as substâncias de cada alternativa abaixo e faça o teste misturando cerca de 2 mL de cada líquido ou meia espátula de NaCl em tubos de ensaio.

Indique a polaridade de cada substância abaixo com as letras P (Polar), A (Apolar) ou I (iônica). Depois, justifique a miscibilidade/solubilidade das misturas abaixo em relação à polaridade e às forças intermoleculares.

a) **NaCl(s) (   ) + água (   ):** ( ) miscíveis ( ) imiscíveis

b) **NaCl(s) (   ) + gasolina (   ):** ( ) miscíveis ( ) imiscíveis

c) **água (   ) + gasolina (   ):** ( ) miscíveis ( ) imiscíveis

d) **água (   ) + etanol (   ):** ( ) miscíveis ( ) imiscíveis

e) **etanol (   ) + gasolina (   ):** ( ) miscíveis ( ) imiscíveis

Questão: Você sabe que a água é polar e descobriu a polaridade do sal e da gasolina. Mas você conseguiu descobrir a polaridade do etanol?
O etanol foi miscível em água (letra d)? E em gasolina (letra e)? Explique.

ATIVIDADE EXPERIMENTAL 2: Determinação do teor de álcool na gasolina (Teste da proveta - ANP)

A gasolina é um produto combustível derivado do petróleo, composta por hidrocarbonetos (compostos orgânicos que contém apenas átomos de carbono e hidrogênio) contendo de 5 a 20 átomos de carbono. Seu principal componente é o isoctano (2,2,4-trimetril-pentano), cuja fórmula molecular é dada por C_8H_{18}.

Uma das propriedades mais importantes da gasolina é a octanagem, que mede a capacidade da gasolina em resistir à detonação e às exigências do motor, sem entrar em autoignição (detonação antes do momento adequado). Isso levaria à perda de potência e poderia causar sérios danos ao motor. Existe um índice mínimo permitido de octanagem para a gasolina comercializada no Brasil, que varia conforme seu tipo. O álcool etílico anidro, umas das substâncias adicionadas à gasolina, tem vital papel na sua combustão, pois sua função é aumentar a octanagem em virtude do seu baixo poder calorífico. Além disso, ele causa uma redução na taxa de produção de monóxido de carbono, um poluente ambiental importante.

Nota-se que o rigoroso controle do teor de álcool na gasolina é importante para a frota automotiva brasileira e para o meio ambiente. As normas, os valores permitidos e a determinação de gasolina adulterada são estabelecidas pela Agência Nacional do Petróleo, Gás natural e Biocombustíveis (ANP). Atualmente, o teor permitido de etanol anidro na gasolina comum é de até 27,5% (Portaria MAPA nº 75/2015).

Parte Prática

1) Colocar 50,0 mL de gasolina comum em uma proveta de 100,0 mL.
2) Completar o volume até 100,0 mL com uma solução aquosa de NaCl 10% m/v.
3) Tampar a proveta com rolha ou filme PVC. Segurar firmemente o sistema pela parte superior. Misturar as camadas de água e amostra através de ao menos três inversões sucessivas da proveta, feitas lentamente. Evite agitação enérgica e perda de líquido do seu interior!
4) Libere a pressão interna após cada inversão, retirando a rolha ou aliviando sua mão.
5) Manter em repouso até a separação completa das duas fases (~3 min.).
6) Registrar o volume de ambas as fases. Anotar o aumento de volume da camada aquosa em mililitros.
7) Calcular a % v/v de álcool na gasolina.

Questões

Com base na determinação de etanol na amostra de gasolina feito na aula, calcule:

1. O volume de etanol presente na amostra de gasolina, em mL.

2. O teor de etanol presente na gasolina, em %.

3. Esta gasolina está respeitando a legislação vigente de até 27,5% de etanol (ANP, 2015)?

4. Em relação às forças intermoleculares, explique porque o etanol é extraído da gasolina para a fase aquosa.

5. Ao analisar 25 mL de uma amostra de gasolina numa proveta, após adicionar 25 mL de água e agitar, o volume da fase aquosa aumentou para 40 mL. Calcule o teor de etanol desta gasolina e analise se está respeitando a legislação vigente.

Referências

BROWN, T. L. Química, a ciência central. São Paulo: Pearson Prentice Hall, 2005.

CANTO, E. L. do. Química na Abordagem do Cotidiano, v. 1: ensino médio, 1. ed., São Paulo: Saraiva, 2016.

FONSECA, M. R. M. da. Química – Martha Reis, v.1: ensino médio, 1.ed., São Paulo: Ática, 2016.

LENZI, E.; FAVERO, L. O.; TANAKA, A. S.; VIANA FILHO, E. A.; SILVA, M. B.; GIMENES, M. J. Química Geral Experimental. 2. Ed., Rio de Janeiro: Freitas Bastos Editora, 2012.

SANTOS, W. e MÓL, G. (coords.). Química Cidadã. Vol. 1, 3.ed., São Paulo: AJS, 2016.

USBERCO, J; SALVADOR, E. Química. Vol. un. 5. ed. São Paulo: Saraiva, 2002.

CONSIDERAÇÕES FINAIS

Tendo em vista os conteúdos e pressupostos apresentados neste livro, espero ter contribuído para o aprimoramento de técnicas de ensino de alguns conteúdos básicos essenciais para serem abordados quando os alunos iniciam os estudos da Química de modo mais sistematizado.

Ensinar é aprender constantemente, é vislumbrar em cada conceito a possibilidade de fazer alguém compreender algo antes não imaginado. É oportunizar a expansão da sua teia de saberes para compreender melhor o mundo, os espaços que ocupa e a si mesmo de maneira mais consciente. É também ampliar seus horizontes e perspectivas de vida, ampliando seu leque de opções que possa vislumbrar enquanto cidadão do mundo.

A Química, apesar de complexa, tem o poder de ajudar os estudantes na amplificação dos seus horizontes de possibilidades. Para isso, é preciso que consigamos auxiliá-los ensinando com significado, nos inserindo no contexto dos alunos, à luz de suas complexidades, da diversidade e heterogeneidade que existe na sala de aula. É um desafio dos grandes para o professor, mas a Química é cheia de problemas que tentamos resolver. O de ensinar é um deles. Boa sorte a todos!

Douglas Vanzin

www.ingramcontent.com/pod-product-compliance
Ingram Content Group UK Ltd.
Pitfield, Milton Keynes, MK11 3LW, UK
UKHW021836270726
14058UKWH00002B/176

9 786501 020969